Sitzungsberichte
der Akademie der Wissenschaften
der DDR
Mathematik – Naturwissenschaften – Technik

15 N

1982

Originalmitteilungen aus der Klasse Chemie

AKADEMIE-VERLAG · BERLIN

Sitzungsberichte
der Akademie der Wissenschaften
der DDR
Mathematik—Naturwissenschaften—Technik

Jahrgang 1982 · Nr. 15/N

Originalmitteilungen aus der Klasse Chemie

AKADEMIE-VERLAG · BERLIN
1982

Aus den Sitzungen der Klasse Chemie
der AdW der DDR vom 14. Mai und
19. September 1981

Herausgegeben im Auftrage
des Präsidenten der Akademie
der Wissenschaften der DDR
von Vizepräsident Prof. Dr. Heinrich Scheel

ISSN 0138-3956
Erschienen im Akademie-Verlag, DDR-1086 Berlin, Leipziger Str. 3–4

Lizenznummer: 202 · 100/80/82
Gesamtherstellung: VEB Druckhaus Köthen
Bestellnummer: 763 151 2 (2010/82/15/N) · LSV 1215
Printed in GDR
DDR 5,– M

Inhalt

Werner Berger

Polymermischungen — Struktur und Eigenschaften

1. *Einleitung*

Die Weltproduktion an polymeren Werkstoffen erreichte 1980 100 Mio t. Der jährliche Zuwachs beträgt ca. 8% [1], siehe Abb. 1. In den Forschungs- und Entwicklungszentren wird mit sehr aufwendigen und spezialisierten Verfahren und Methoden an der Weiterentwicklung der bekannten Massenpolymeren gearbeitet, und es werden zahlreiche neue hochmolekulare Verbindungen synthetisiert. Aber nur wenige dieser neuen Verbindungen — man rechnet 1—2% — werden überhaupt jemals angewendet. Dagegen werden 80% der Weltproduktion von einigen wenigen Polymeren getragen:

- Bei den Synthesefaserstoffen sind dies vor allem Polyamid, Polyester und Polyacrylnitril.
- Bei den Thermoplasten sind dies u. a. Polyethylen, Polystyren und Polyvinylchlorid.
- Bei den Elastomeren sind dies u. a. Styren-Butadien-Kautschuk sowie Butadien-Kautschuk.

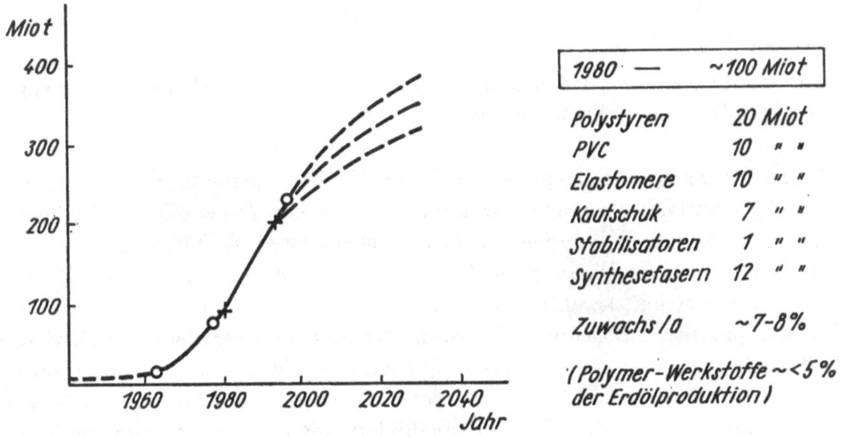

Abb. 1 Weltproduktion an polymeren Werkstoffen

Nur wenn ein neues Produkt ganz außergewöhnliche Eigenschaften hat oder nach einem neuen Wirkprinzip ökonomisch vorteilhaft hergestellt werden kann, wird es in die Phalanx der sogenannten Massenfaserstoffe eindringen. Es liegt daher nahe, bekannte, in großen Mengen produzierte Polymere miteinander zu kombinieren, um Erzeugnisse mit neuen bzw. verbesserten Eigenschaften zu erhalten.

Aus diesem Grund untersucht man seit einigen Jahren recht intensiv mehrkomponentige Polymersysteme oder Polymermischungen. Unter einer Polymermischung wollen wir ein mehrkomponentiges System verstehen, dessen Komponenten Polymere sind. Diese weitgefaßte Definition schließt

— sowohl Mischungen aus verschiedenen Homo- und Copolymeren ein, als auch
— Block- und Pfropfpolymere und deren Mischungen.

Eine Klassifikation der Mischungen nach der gegebenen Definition zeigt Abb. 2. Sie kann daneben auch nach den Gesichtspunkten der Zusammensetzung und Morphologie erfolgen.

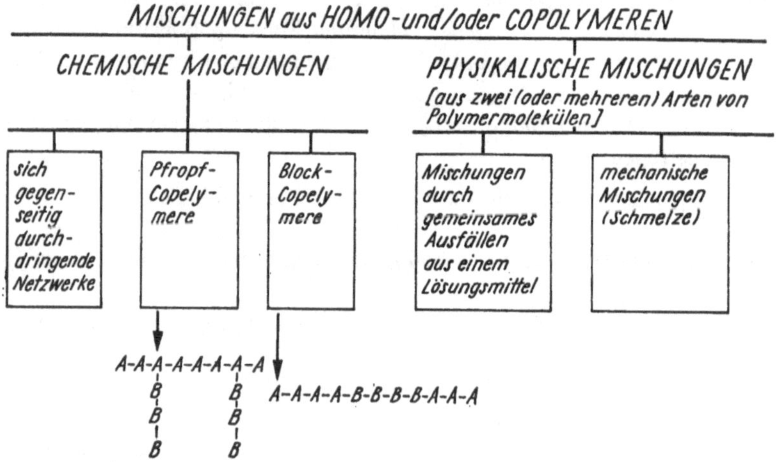

Abb. 2 Klassifikation von Polymermischungen nach der Art, wie sie hergestellt werden können (statt Copelymere, lies Copolymere)

Wegen des geringen Entropiegewinns beim Mischen langkettiger Moleküle und der häufig positiven Mischungswärme entstehen meist Zwei- oder Mehrphasensysteme; so daß wir Polymermischungen im allgemeinen als Phasengemische ansehen können. Solche Phasengemische eröffnen die Möglichkeit, Werkstoffe mit neuartigen Eigenschaftskombinationen herzustellen. Das ist der Grund für ihre zunehmende praktische Bedeutung. Durch die Kombination verschiedener Polymere erreicht man nicht nur eine Verbesserung spezieller Eigenschaften, sondern erhält auch Eigenschaften, die sich von denen der Komponenten erheblich unterscheiden.

Die Heterogenität solcher Systeme kombiniert mit der Tatsache geringer adhäsiver Bindung zwischen den Phasen bedingt allerdings, daß viele solcher Systeme schlechte mechanische Eigenschaften haben. In einigen Fällen ist das gerade erwünscht. Wir kommen darauf zurück. Das Problem der „Verträglichkeit" von Polymeren hat daher nicht nur theoretische, sondern auch eminent praktische Bedeutung [2].

Umfangreiche Untersuchungen haben gezeigt, daß es eine Reihe wirklich mischbarer Polymerpaare gibt, die Möglichkeiten zur Herstellung neuer Produkte eröffnen [3]. Aber auch für nichtmischbare Polymere ist es durch geeignete Prozeßführung bei der Verarbeitung und dem Einsatz von verträglichkeitsvermittelnden Stoffen möglich, die mechanischen Eigenschaften zu beeinflussen.

2. *Mischbarkeit von Polymeren*

Unter „Mischbarkeit" verstehen wir hier in Analogie zum niedermolekularen Fall Durchdringung der Komponenten auf molekularem Niveau. Thermodynamisch ist Mischbarkeit gegeben, wenn die freie Mischungsenergie ΔF kleiner als Null ist:

$$\Delta F = \Delta U - T \Delta S < 0 \tag{1}$$

wobei ΔU und ΔS die Mischungsenergie und -entropie sind.

Auf dem Polymergebiet gibt es einige Konfusion zwischen den Begriffen „Mischbarkeit" und „Verträglichkeit" von Polymeren. Letzterer wird durchaus nicht nur im thermodynamischen Sinne verwendet. Zwei Polymere werden im allgemeineren Sinne als verträglich bezeichnet, wenn irgendeine makroskopische Eigenschaft, insbesondere eine mechanische, positiv von der Additivität der Eigenschaften der Komponenten abweicht. Wir wollen uns hier auf die Mischbarkeit beschränken.

Wie kann man auf einfache Weise die Phasentrennung in Polymeren verstehen? Die allgemeine thermodynamische Bedingung dafür, daß zwei Stoffe miteinander mischbar sind, ist durch Gleichung (1) gegeben. Die Mischungsenergie können wir näherungsweise durch den sog. Wechselwirkungsparameter x ausdrücken:

$$\Delta U \sim kT \cdot x \tag{2}$$

Das Experiment zeigt, daß für viele Mischungen niedermolekularer organischer Verbindungen die Mischungswärme positiv ist. Nach (2) bedeutet das, daß der Parameter x positiv ist. Daß sich viele niedermolekulare Stoffe unter dieser Bedingung dennoch mischen, also Gleichung (1) erfüllt werden kann, liegt offenbar an der Entropieänderung beim Mischen. Die Mischungsentropie (genauer: $T \cdot \Delta S$) übertrifft die Mischungsenergie, und $\Delta F < 0$ ist erfüllt. Für die Mischungsentropie kann man den Ausdruck für eine ideale Mischung annehmen. Es gilt dann

$$T \cdot \Delta S \sim k \cdot T \tag{3}$$

Verwendet man (2) und (3) in (1), so folgt als Bedingung für die Mischbarkeit niedermolekularer Stoffe an Stelle von (1)

$$x \lesssim 1 \tag{4}$$

Betrachten wir die Mischung zweier Polymerer, bleibt (2) erhalten; aber (3) verringert sich um den Faktor 1/z, wobei z die Zahl der Segmente in einem Makromolekül ist, da die Zahl der Anordnungsmöglichkeiten eines Moleküls aus z Einheiten sich um diesen Faktor vermindert gegenüber einem Molekül aus einer Einheit. An Stelle der Bedingung (4) ergibt sich

$$xz \lesssim 1 \tag{5}$$

als Bedingung für die Mischbarkeit von Polymeren. Da für viele Polymerpaare $x > 0$ ist, ist die Bedingung (5) nicht erfüllbar. (5) erklärt somit die bereits erwähnte Tatsache, daß die meisten Polymere nicht mischbar sind.

Damit Polymere mischbar sind, muß danach $x \lesssim 0$ gelten. Exotherme Mischungswärmen sollten bei strukturell unterschiedlichen Polymeren auftreten, die sich gegenseitig ergänzen und dabei bevorzugte Wechselwirkungen eingehen. Zum Beispiel konnte gezeigt werden, daß Mischungen aus Poly(vinylidenfluorid) (PVF_2) und Poly(methylmethacrylat) (PMMA) exotherme Mischungsenergie haben und einphasig sind. Weiterhin konnte bei Änderung der Taktizität von PMMA von syndiotaktischen zu isotaktischen Polymeren stärkere Wechselwirkung mit PVF_2 beobachtet werden, die sich in einer Abnahme des (negativen) Parameters x zeigte [4].

Die Vorhersage der Mischbarkeit zweier Polymere ausgehend von ihrer chemischen Struktur ist ein weitestgehend ungelöstes Problem. Fakt ist nur, daß molekulare Wechselwirkungen auftreten müssen, die zu $x \leq 0$ (zu exothermer Mischungswärme) führen. Dispersions-Wechselwirkungen zwischen nichtpolaren Materialien führen zu $x > 0$ und damit zur Nichtmischbarkeit des Polymerpaars. Daher sind Kombinationen aus Hochdruck- und Niederdruckpolyethylen nicht mischbar, trotz der Ähnlichkeit ihrer chemischen Struktur. Alle bisher bekannten mischbaren Polymerpaare enthalten chemische Strukturen, die zu sehr spezifischen Wechselwirkungen wie Wasserstoffbrücken, Komplexbildung, Kopplung von Phenylgruppen, dipolare Wechselwirkungen fähig sind.

Eine ganze Reihe neuer experimenteller Techniken ist in den letzten Jahren eingesetzt worden, um Polymer-Polymer-Wechselwirkungen besser aufzuklären und damit zu besserem Verständnis der Mischbarkeit von Polymeren zu kommen. Neben klassischen Methoden (T_g-Bestimmung, inverse Gaschromatografie) werden gepulste NMR, Neutronen-Kleinwinkelstreuung und Fluoreszenz-Methoden eingesetzt.

3. Phasendiagramme für Polymermischungen

Sehr wichtig zum Verständnis des Verhaltens von Polymer-Polymer-Systemen sind Phasendiagramme solcher Systeme. Bisher gibt es noch nicht allzuviel experimentelles Material, das Aussagen über das Phasenverhalten von Polymermischungen zuläßt. In Abb. 3 sind die möglichen Phasentrennungen in polymeren Schmelzen schematisch dargestellt [5].

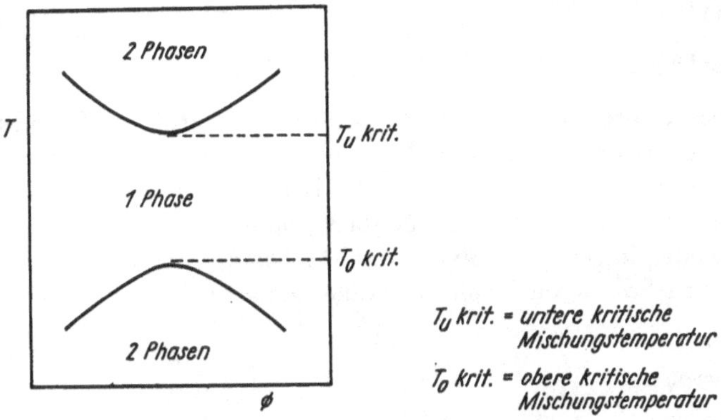

Abb. 3 Mischungslücken in Polymer-Polymer-Schmelzen (schematisch)

Überraschend ist, daß man in vielen mischbaren Polymer-Polymer-Systemen Phasentrennung beim Erwärmen findet, d. h. also, Systeme mit unterer kritischer Mischungstemperatur vorliegen. Das wurde u. a. in den Systemen Polystyren/Poly(vinylmethylether), Poly(vinylidenfluorid)/Poly(methylmethacrylat) oder Poly(vinylnitrat)/Poly(methylacrylat) beobachtet. Eine Reihe von thermodynamischen Untersuchungen deuten darauf hin, daß Mischungslücken mit unterer kritischer Mischungstemperatur enthalpisch bedingt sind. Voraussetzung für ihr Auftreten ist eine negative Mischungswärme, die mit der Temperatur dem Betrage nach abnimmt und daher zur Phasentrennung führt. Entropische Effekte sind dabei von untergeordneter Bedeutung, wenn die Kettenlängen genügend groß sind.

4. *Die Phasengrenzschicht in Polymer-Polymer-Systemen*

Obwohl es eine ganze Reihe mischbarer Polymere gibt, ist — wie bereits erwähnt — die Nichtmischbarkeit von Polymeren das dominierende Phänomen. Die Ausbildung definierter heterogener Systeme ist in vielen Fällen durchaus erwünscht. Die mechanischen Eigenschaften solcher Systeme werden entscheidend durch die Wechselwirkungen zwischen den Phasen bestimmt, denn von dieser Wechselwirkung hängt die Spannungsübertragung zwischen den Phasen oder ganz einfach die Adhäsion der Komponenten bei äußerer mechanischer Belastung ab.

Gleichung (5) finden wir als Bedingung für die Mischbarkeit von Polymeren. Für den Fall $x > 0$ sind Polymere daher nicht mischbar, aber Bedingung (5) legt gleichzeitig nahe, daß sich die Polymermoleküle in einer dünnen Übergangsschicht gegenseitig durchdringen. Diese Grenzschicht zwischen den Phasen der reinen Komponenten bestimmt daher wesentlich das Verhalten des Gesamtsystems. Im Falle $x \rightarrow 0$ erwartet man, daß sich Kettenmoleküle in ihrer Gesamtheit durchdringen, so daß die Ausdehnung der Grenzschicht dann von der Größenordnung der

Kettenlänge sein muß:

$$\tau \sim \text{Kettenlänge.}$$

Mit zunehmendem x entweicht das Kettenmolekül aus energetischen Gründen aus der Grenzschicht. Dieses „Zusammenziehen" bedingt jedoch eine drastische Einschränkung der Konformationen und damit der Entropie des Kettenmoleküls in der Grenzschicht. Als Folge dessen entsteht ein Kompromiß: Es durchdringen sich nur Teile der Ketten in einer sehr dünnen Schicht. Die Ausdehnung einer solchen scharf begrenzten Schicht muß von der Größenordnung der Segmentlänge sein:

$$\tau \sim \text{Segmentlänge.}$$

Da x mit der Temperatur abnimmt, sollte theoretisch der skizzierte Übergang von einer diffusen Schicht (~ Kettenlänge) zu einer scharfen Grenzschicht (~ Segmentlänge) an einem System beobachtbar sein.

Man erkennt daran, daß die Untersuchung der Adhäsion zwischen Polymeren wesentliche Voraussetzung zur geeigneten Verwendung heterogener Polymermischungen sein muß. Zur Verbesserung der Adhäsion zwischen zwei polymeren Komponenten bedient man sich unterschiedlicher Methoden. Häufig verbindet man die beiden Komponenten an der Grenzfläche chemisch miteinander. Das geschieht durch Einsatz geeigneter Pfropf- oder Blockcopolymere, die als grenzflächenaktive Substanzen haftvermittelnde Wirkung zwischen den nichtmischbaren Komponenten ausüben.

5. Phasenmorphologie in heterogenen Polymermischungen

Um bestimmte Eigenschaften von heterogenen Polymer-Polymer-Systemen zu erreichen, ist die definierte Ausbildung bestimmter Strukturen während des Herstellungsprozesses der Polymermischung erforderlich. Sie wird bestimmt einerseits durch die Eigenschaften der Komponenten sowie ihr Mischungsverhältnis und andererseits durch den Herstellungsprozeß. In einem Zwei-Komponenten-System kann man zunächst ganz allgemein zwei verschiedene Phasenstrukturen unterscheiden [6]:

1. Die Mischung besteht aus einer kontinuierlichen und diskontinuierlichen Phase.
2. Beide Phasen sind kontinuierlich.

Schematisch lassen sich in einem Zwei-Komponenten-System fünf grundsätzliche Phasenanordnungen als Funktion der Zusammensetzung darstellen.

Kompliziertere Strukturen können definiert beim Schmelzspinnen von zwei Polymeren in Abhängigkeit vom Formgebungswerkzeug erzeugt werden (Fäden, Filme).

Bei Kombinationen der Varianten 1—3 sind weitere spezifische Phasenanordnungen erreichbar [6].

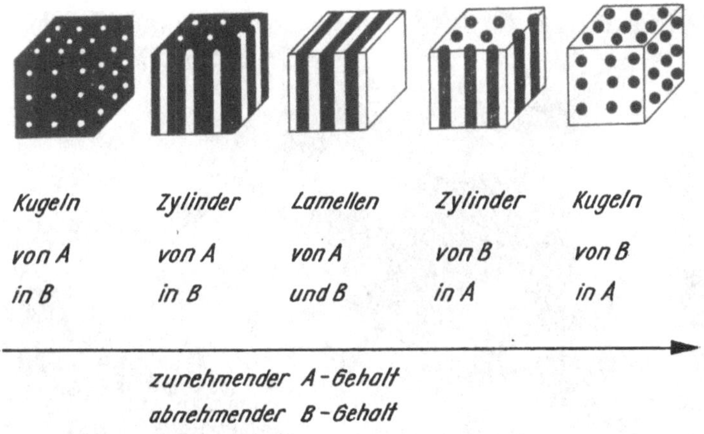

Abb. 4 Schematische Darstellung der Phasenstruktur in Polymermischungen aus zwei Komponenten

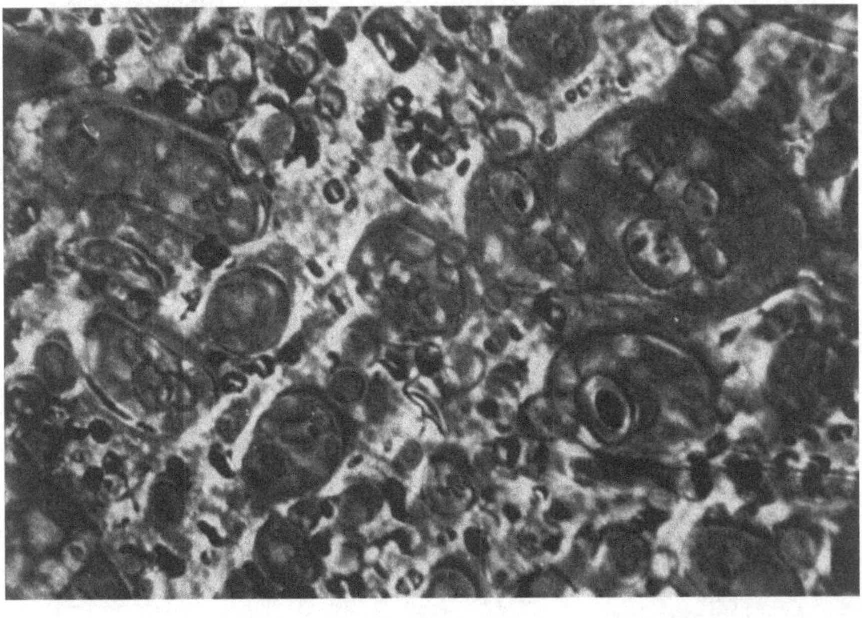

Abb. 5 Lichtmikroskopische Aufnahme einer extrudierten Mischung aus je 50 Masse% Polyamid 6 (Insel — dunkle Phase) und Polyethylen (Matrix)

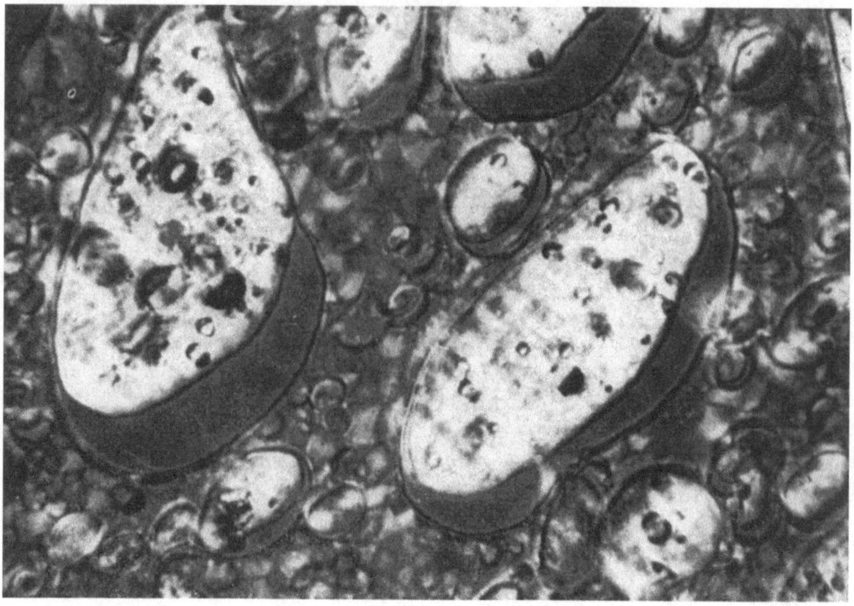

Abb. 6 Lichtmikroskopische Aufnahme einer extrudierten Mischung aus 60% Polyamid (PA jetzt Matrix) Phasenumkehrpunkt

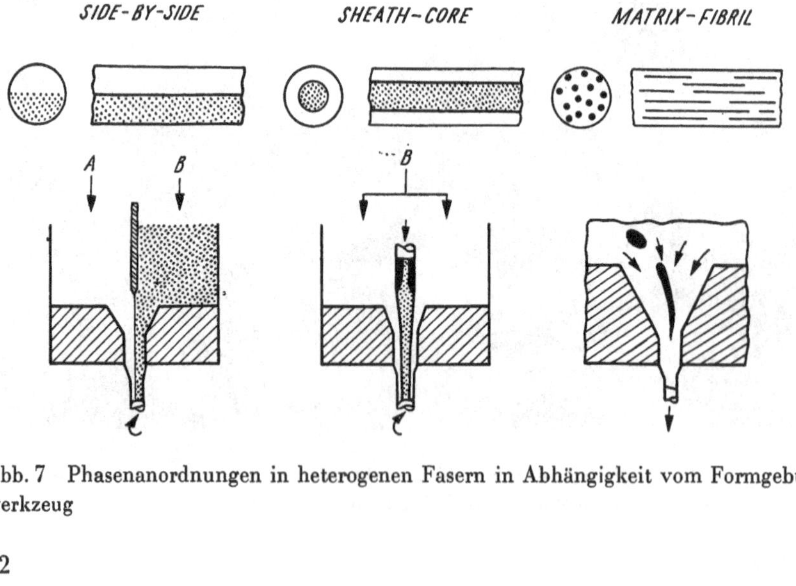

Abb. 7 Phasenanordnungen in heterogenen Fasern in Abhängigkeit vom Formgebungswerkzeug

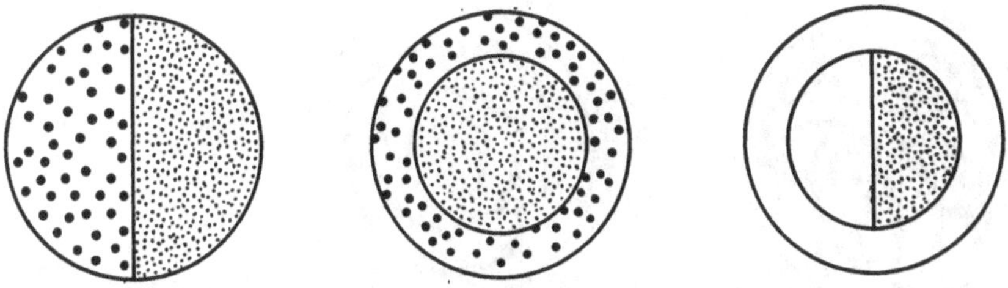

Abb. 8 Kombinationsmöglichkeiten von Phasenanordnungen

Zum Teil sind zur Herstellung solcher Strukturen komplizierte Prozeßbedingungen einzuhalten. Es ist aber noch viel zur Optimierung der Phasenstruktur durch Auffindung geeigneter Prozeßbedingungen zu tun. Grundlage dafür ist das Verständnis der Mikrorheologie der Phasen in einer Polymer-Polymer-Mischung. Allgemein kann man die Rheologie von heterogenen Polymermischungen auf zwei verschiedenen Niveaus studieren: Auf makrorheologischem und mikrorheologischem Niveau. *Makrorheologie* bedeutet die experimentelle und theoretische Untersuchung der rheologischen Eigenschaften der Polymermischung insgesamt, also der visko-elastischen Eigenschaften des Systems unter verschiedenen Deformationsbedingungen. Unter Mikrorheologie hingegen wollen wir die Bewegung und Deformation der dispergierten Phase verstehen. Vom theoretischen Standpunkt aus sollte sich das makrorheologische Verhalten eines Systems aus dessen mikrorheologischen Eigenschaften verstehen lassen. Gegenwärtig ist man von einem solchen Programm weit entfernt.

Interessiert man sich für die Ausbildung definierter morphologischer Strukturen in Polymermischungen, so genügt zunächst die Untersuchung auf mikrorheologischem Niveau, da die Orientierung und Verteilung der dispersen Phase durch Prozesse auf diesem Niveau geregelt werden. Bestimmt wird die Verteilung der dispersen Phase durch das Wechselspiel hydrodynamischer Kräfte und der Grenzflächenspannung, die auf Elemente der dispersen Phase und der Matrix wirken.

Betrachtet man den einfachsten mikrorheologischen Fall, so treten beim Mischen zweier Polymerer zwei Variable auf: Das Volumen- und Viskositätsverhältnis der beiden Komponenten. Da sich Polymerschmelzen im allgemeinen nicht-newtonsch verhalten, erhält man bei Berücksichtigung nur dieser Variablen nur sehr beschränkte Aussagen: Die Komponente im Überschuß bildet die Matrixphase; andererseits versucht die Phase mit der niedrigeren Viskosität, die mit der höheren einzuschließen. Betrachtet man den Viskositäts-Zusammensetzungs-Raum, so gibt es Bezirke, in denen entweder die eine Komponente oder die andere Komponente die kontinuierliche Phase bildet. Es gibt aber auch eine Zwischenregion, in der beide Komponenten kontinuierliche Phasen bilden. Es bilden sich dann unter geeigneten Prozeßbedingungen Strukturen, die Ähnlichkeit mit sich durchdringenden Netzwerken haben.

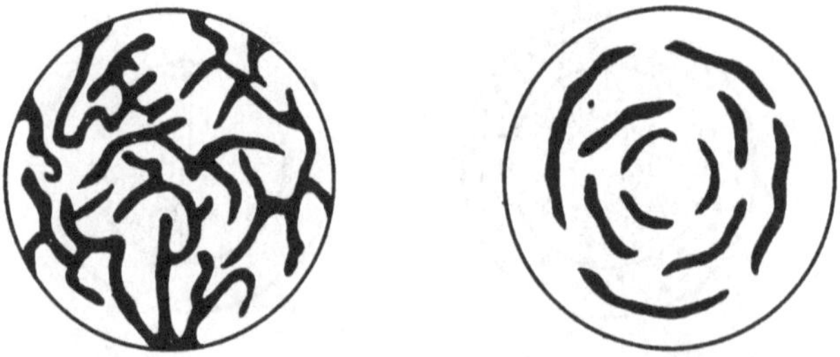

Abb. 9 Ausbildung von Schichten- und Netzwerkstrukturen

Analog zu den besseren mechanischen Eigenschaften von faserverstärkten Plasten mit durchgehenden Fasern im Vergleich zu Plasten mit diskontinuierlichen Fasern haben solche Systeme bessere mechanische Eigenschaften als Systeme mit Insel-Matrix-Struktur. (Solche sich durchdringenden Netzwerke sind auch auf chemischem Wege präparierbar.)

Für die vollständige mikrorheologische Beschreibung der Phasen hat man die elastischen Eigenschaften (Normalspannungsdifferenzen) und das zeitabhängige viskoelastische Verhalten von Polymerschmelzen unter den jeweils vorliegenden Fließbedingungen zu berücksichtigen. Theoretische und experimentelle Untersuchungen dazu sind wichtiger Gegenstand gegenwärtiger und zukünftiger Forschung.

6. Anwendung von Polymermischungen

Die Anwendungen von Polymermischungen sind so vielseitig, daß man sie in einem kurzen Beitrag nicht umreißen kann. Generell kann man feststellen, daß sie zunehmend in fast allen Polymereinsatzbereichen Anwendung finden (1980 betrug z. B. der durchschnittliche Polymereinsatz bei einem Auto 100 kg. 1990 rechnet man mit 500 kg und davon ca. 60% auf Basis von Polymermischungen). Wir beschränken uns daher auf Anwendungen im Gebiet der Faserstoffe [6].

Textile Anwendungen von Mischungen verschiedener Fasertypen, z. B. Mischungen aus Polyester und Wolle, sind alt. Weite Anwendung finden aber auch Faserstoffe, die in einem Fadenelement zwei Polymere enthalten. Solche Bikomponenten-Systeme sind hochstrukturiert, wie Abb. 7 zeigt. Seite-an-Seite-Strukturen besitzen ein spezifisches Kräuselverhalten. Solche Strukturen sind notwendig, wenn der synthetische Faserstoff wollähnliche Eigenschaften besitzen soll. Kern-Mantel-Strukturen können zur Verbesserung der Anfärbbarkeit (Mantel) und Erhöhung der Festigkeit (Kern) geschaffen werden. Ein exzentrischer Kern führt zu einer selbstschrumpfenden Faser.

Geringer strukturierte Mischungen werden ebenfalls angewendet. Ein Beispiel ist das von uns mitentwickelte Verfahren der Fibrillierung von Folien aus Polymermischungen [2, 7, 8]. Orientierte Folien aus Polypropylen z. B. lassen sich relativ leicht spalten, da die zwischenmolekularen Wechselwirkungen in diesem Material schwach sind. Dagegen sind die zwischenmolekularen Wechselwirkungen in Polyester stark, dementsprechend sind Folien aus Polyester schwer oder nicht fibrillierbar. Man kann jedoch Mischungen, z. B. Polyester/Polyethylen, fibrillieren, deren Matrix aus Polyester besteht.

Durch geeignete Extrusion von zwei Homopolymeren und anschließendes Rekken werden stark anisotrope Folien hergestellt. Solche Folien haben unterschiedliche Festigkeiten in Längs- und Querrichtung; dabei ist die Festigkeit auch von der Zusammensetzung der Folie abhängig. In Längsrichtung wird die Festigkeit im wesentlichen durch die Matrix bestimmt und in Querrichtung hauptsächlich durch die Haftung an der Grenzfläche zwischen der (in Längsrichtung stark deformierten) Inselphase und der Matrix. Da die Haftung zwischen den beiden Phasen gering ist, läßt sich in solchen Folien relativ leicht ein Mikroriß in der Grenzschicht initiieren, der sich in Längsrichtung ausbreitet; das heißt, die Folie spaltet auf. Man kann näherungsweise die Spannungen berechnen, die erforderlich sind, um Mikrorisse in orientierten Folien zu erzeugen. Als Maß für die Neigung zur Fibrillierung kann man den Kehrwert dieser Spannungen ansehen. In Abb. 10 ist die relative Fibrillierung als Funktion der Zusammensetzung für das System Polyester/Polyethylen dargestellt.

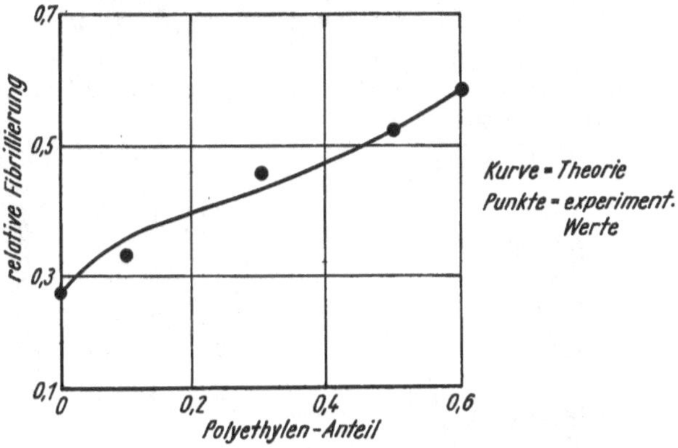

Abb. 10 Relative Fibrillierung als Funktion der Zusammensetzung

Mit zunehmendem Polyethylengehalt nimmt die Fibrillierneigung zu. Bei einem Polyethylenanteil von 60 Masse-% bildet dieses Polymer die Matrix, und die Fibrillierung wird im wesentlichen durch die Matrix bestimmt. Dieses Resultat stimmt sehr gut mit den experimentellen Befunden überein.

Im Ergebnis der Arbeit eines interdisziplinären Kollektivs von Wissenschaftlern aus dem VEB CFK „Wilhelm Pieck“ Schwarza und dem VEB Textilmaschinenbau TEXTIMA und der TU Dresden, Sektion Chemie, konnte bereits 1977 dieses neue Wirkprinzip in die Produktion überführt werden (Florofol-Verfahren). Diese bedeutende technologische Neuentwicklung ergänzt die traditionellen Verfahren zur Herstellung synthetischer Faserstoffe und zeichnet sich ökonomisch durch geringe Investitionskosten, hohe Produktivität und neue Qualitätskennwerte aus.

Gegenwärtig liegt der Schwerpunkt der wissenschaftlichen Arbeiten bei der Entwicklung von superfeinen Faserstoffen ($<$ 0,1 dtex) und der Aufklärung des „metallic effects" speziell bei Polymermischungsfolien.

Das Konzept der Polymermischungen ist damit ein Mittel zur Erzeugung neuer Produkte ohne Synthese neuer chemischer Strukturen. Wir wollen abschließend einige Bemerkungen über die „Anwendung" der Konzeption von polymeren Verbundsystemen in der Natur bringen [9]. Besonders komplexe Verbundstrukturen hat die Natur in der Wolle hervorgebracht. Wolle ist ebenso wie alle tierischen Haare ein biologischer Verbund. Nach neuesten Erkenntnissen setzt sich Wolle aus ca. 200 verschiedenen makromolekularen Verbindungen zusammen: Keratine (80%), Nichtkeratinproteine (17%), andere Makromoleküle (1,5%; Polysaccharide, Nukleinsäuren), niedermolekulare Substanzen (1,5%, Lipide, anorganische Verbindungen). Bei so komplexer Zusammensetzung der Wolle ist es nicht verwunderlich, daß die oben genannten drei Typen von Bikomponenten-Strukturen in Fasern in der Wolle gleichzeitig auftreten.

Der Kern-Mantel-Typ tritt in der Wolle als Dreikomponenten-Struktur auf.

Cuticula als Mantel, Medulla als zentrale Schicht und Cortex als Zwischenschicht. Die Cortex bestimmt die mechanische Stabilität der Wolle. Sie besteht aus

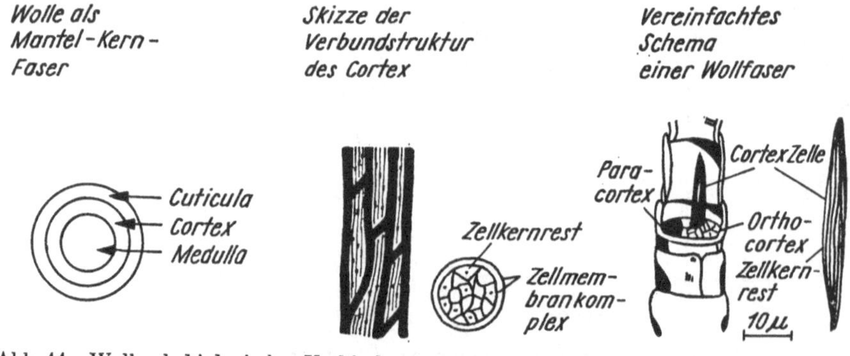

Abb. 11 Wolle als biologisches Verbindungssystem

Verbund	Typ	1. Komponente	2. Komponente
Wollfaser	Mantel-Kern	Cuticula	Cortex
Cortex	Seite an Seite	Orthocortex	Paracortex
Cortex	Fibrille in Netzwerk	Cortex-zelleninhalt	Zellmembran-komplex
Cortex-zelleninhalt	Fibrille-Matrix	Makro-fibrillen	intermakro-fibrillarer Zement

Makrofibrillen, die aus Mikrofibrillen aufgebaut sind. Jede Mikrofibrille besteht ihrerseits aus 11 Protofibrillen, welche von je drei α-helicalen Polypeptidketten gebildet werden. In der Cortex treten aber auch Seite-an-Seite-Strukturen auf, die die Kräuselung der Wolle bedingen. Der Cuticula-Mantel ist ein Schichtenverbund aus verschiedenen Zellen.

Die Komplexität der Verbundstruktur von Wolle wird daran schon deutlich. Die Makrofibrillen sind ein Verbund aus (teilkristallinen) Mikrofibrillen eingebettet in eine Keratinmatrix und sind daher als faserverstärkter Verbund aufzufassen. Die Makrofibrillen ihrerseits bilden ein durchgehendes Netzwerk, das durch Kitt ausgefüllt ist. Insgesamt entsteht so der Zellenmembrankomplex als gefülltes Netzwerk. Eingeschlossen wird diese Struktur durch einen harten Schichtenverbund. Alles in allem entsteht die oben erwähnte Kern-Mantel-Struktur. Durch diese komplexe Verbundstruktur hat das System ganz spezifische physikalisch-chemische Eigenschaften. Die äußere Schicht ist hydrophob, aber die außerdem vorhandenen Nichtkeratine sind hydrophil. Daher kann Wolle bis zu 30% Wasserdampf aufnehmen, ohne feucht zu werden. Die mechanischen Eigenschaften der Wolle werden durch das Wechselspiel der spröden Oberflächenschicht und der hochelastischen Keratine in den Makrofibrillen bestimmt. Wichtig dabei ist, daß die viskoelastischen Eigenschaften des Systems nicht nur durch die Temperatur, sondern auch durch den Flüssigkeitsgehalt reguliert werden.

Man sieht an dieser kurzen Diskussion, daß viele Eigenschaften der Wolle einfach gedeutet werden können, wenn man sie als Verbundsystem auffaßt.

7. *Schlußfolgerungen*

Wir haben damit einen Überblick gegeben über die Mischbarkeit (thermodynamische Betrachtung), die sich ausbildenden Phasenstrukturen und die Anwendung von Polymermischungen.

Es zeigt sich, daß nichtmischbare Polymere bereits weite Anwendung finden und sich neue Anwendungsmöglichkeiten ergeben werden. Der Optimierung zur Einstellung bestimmter Morphologien kommt dabei besondere Bedeutung zu. Das erfordert aber die Aufklärung des mikrorheologischen Verhaltens solcher Systeme, die erst am Anfang steht. Die wichtigste makroskopische Größe, die Rückschlüsse auf die Struktur der Grenzschicht zuläßt, ist die Grenzflächenspannung. Wir haben darüber bereits an anderer Stelle berichtet [10].

Neue polymere Materialien lassen sich möglicherweise ebenfalls aus mischbaren Polymeren gewinnen. Die thermodynamischen Bedingungen für die Mischbarkeit von Polymeren sind klar. Nicht klar sind die strukturell-chemischen Bedingungen für die Mischbarkeit. Dazu sind eingehende Untersuchungen der Polymer-Polymer-Wechselwirkungen erforderlich.

Erfolgreich lassen sich Erkenntnisse über polymere Verbundsysteme auch auf komplizierte biologische Verbunde (wie z. B. Wolle) anwenden.

Zusammenfassung

Es wird ein Überblick über die Struktur und Eigenschaften von Polymer-Polymer-Systemen gegeben, insbesondere thermodynamische Überlegungen zur Mischbarkeit und Phasenstabilität solcher Systeme. Damit gewinnt man Verständnis für die Morphologie und somit für Struktur-Eigenschafts-Beziehungen von Polymermischungen. Schließlich werden Anwendungen von Polymer-Polymer-Systemen vor allem zur Gewinnung neuer Fasern besprochen.

Literatur

[1] Hiroshi Inoue, Otto Vogl: Future Aspects of Polymer Science Development (Lecture 9. 4. 80 Osaka).

[2] Werner Berger, Hans Werner Kammer: Physikalisch-chemische Grundlagen der Fibrillierung, Vortrag 16. Internationale Chemiefasertagung in Dornbirn (Österreich) 20.—22. 9. 1977.

[3] D. R. Paul and S. Newman: Polymer Blends Vol. I and II. Academic, New York 1978.

[4] D. Klempner u. K. C. Frisch (Ads.): Polymer Alloys; Plenum New York, 1980 (s. D. R. Paul, Kap. 12).

[5] D. R. Paul, J. W. Barlow: Polymer Blends (or alloys). J. Macromol. Sci.-Rev. MACROMOL. CHEM., C 18 (1), 109—168 (1980).

[6] D. R. Paul: Fibers from Polymer Blends (Kapitel 16 von 3.).

[7] W. Jacob, Ch. Michels, H. Franz u. W. Berger: Die Spaltung von Polymermischungsfolien — ein neuer Weg zur Herstellung von Foliefaserstoffen, Faserforsch. u. Textiltechn./Zeitschr. f. Polymerforsch. 25 (1974) 6, S. 229—234.

[8] W. Sattler u. a.: Foliefaserstoffe aus Polymermischungen — neue Erkenntnisse ihrer Herstellung und Verarbeitung, Vortrag 16. Internationale Chemiefasertagung in Dornbirn (Österreich), 20.—22. 9. 1977.

[9] Helmut Zahn, Peter Kusch: Wolle als biologisches Verbundsystem, Melliand Textilberichte 1 (1981), 59—66.

[10] Werner Berger, Hans Werner Kammer: Ergebnisse der Grundlagenforschung über Grenzflächenerscheinungen in Polymermischungen, Textiltechnik 28 (1978) 6, 344—347.

Günter Engelhardt, Endel Lippmaa, Märt Mägi

Über neue Möglichkeiten und Ergebnisse der Strukturuntersuchung von Alumosilicaten mit der ^{29}Si-NMR-Spektroskopie

Einführung

Für ein vertieftes Verständnis der chemischen und physikalischen Eigenschaften von Alumosilicaten sind detaillierte Kenntnisse über ihre Struktur von grundlegender Bedeutung. Sie stellen damit eine wichtige Voraussetzung für die gezielte Verarbeitung von silicatischen Rohstoffen zu hochwertigen Produkten mit speziellen Gebrauchseigenschaften, wie z. B. Baustoffe, Gläser, keramische Werkstoffe, Katalysatoren, Molsiebe u. a., dar. Darüber hinaus sind vertiefte Erkenntnisse über die Struktur von natürlichen Silicat- und Alumosilicatmineralien von großem allgemeinen Interesse.

Das am weitesten verbreitete und zugleich aussagekräftigste Verfahren zur vollständigen Aufklärung der Festkörperstruktur ist die Röntgenkristallstrukturanalyse (RKSA). Bei ihrem Einsatz zur Untersuchung der Struktur von Alumosilicaten treten jedoch zwei grundsätzliche Probleme auf, die die allgemeine Anwendbarkeit und Aussagekraft der RKSA einschränken:

- Zur Aufnahme der Röntgenbeugungsdiagramme müssen Einkristalle ausreichender Größe zur Verfügung stehen. (Untersuchungen an Pulvern sind prinzipiell möglich, gestatten jedoch nur begrenzte Aussagen.)
- Die Unterscheidung von Silicium- und Aluminiumatomen im Kristallgitter ist aufgrund der sehr ähnlichen Streufaktoren beider Elemente i. a. nicht oder nur bedingt mit Hilfe spezieller Verfeinerungsverfahren möglich.

Der Einsatz anderer Beugungsverfahren, wie z. B. Elektronen- oder Neutronenbeugung führt zu ähnlichen Problemen und auch durch Anwendung anderer strukturanalytischer Methoden, wie z. B. der IR- und Ramanspektroskopie, konnten keine allgemeinen Aussagen über die Si-Al-Verteilung erhalten werden. Indirekte Methoden, die nach Zersetzung des Alumosilicats in saurer wäßriger Lösung über die Identifizierung der entstandenen Silicatanionen Rückschlüsse auf das Alumosilicatgitter gestatten, sind oftmals aufgrund von Sekundärreaktionen in ihrer Zuverlässigkeit eingeschränkt [1, 2].

Es ist offensichtlich, daß ein dringendes Bedürfnis nach neuen Untersuchungsverfahren besteht, die die Einbeziehung von mikrokristallinen und röntgenamorphen Proben gestatten und Aussagen speziell zur Verteilung der Si- und Al-Atome im Alumosilicatgitter ermöglichen. Wie im folgenden gezeigt wird, steht mit der hochauflösenden ^{29}Si-NMR-Spektroskopie ein solches Verfahren zur Verfügung, das wesentliche, die Ergebnisse von RKSA-Untersuchungen ergänzende Informationen über den strukturellen Aufbau von Silicaten und Alumosilicaten liefern kann.

Methodische Grundlagen der ^{29}Si-NMR an Silicaten und Alumosilicaten

Wie in früheren Untersuchungen an Silicat- und Kieselsäurelösungen gezeigt werden konnte, lassen sich aus den ^{29}Si-NMR-Spektren detaillierte Aussagen über die Art der in den Silicatanionen vorliegenden Baugruppen und die Struktur einzelner Anionenspezies ableiten [3, 4]. So zeigen die ^{29}Si-NMR-Spektren von Alkalisilicatlösungen eine große Zahl von gut aufgelösten Signalen, die den Si-Atomen von SiO_4-Tetraedern in unterschiedlicher struktureller Umgebung zugeordnet werden können [3].

Von festen Silicaten lassen sich bei Anwendung der in der Flüssigkeits-NMR eingesetzten „konventionellen" Meßtechnik keine ^{29}Si-NMR-Spektren vergleichbarer spektraler Auflösung erhalten. Der Grund dafür sind spezifische Wechselwirkungseffekte, die durch die fixierte Anordnung der Resonanzkerne im Festkörper auftreten und zu starken Signalverbreiterungen führen [5]. Dadurch wird die Feinstruktur der Spektren, die durch viel kleinere Effekte aufgrund von Unterschieden in der strukturellen Umgebung der Si-Atome hervorgerufen wird, vollständig überdeckt. In den letzten Jahren konnten jedoch Verfahren entwickelt werden, die es ermöglichen, die genannten Verbreiterungseffekte in den NMR-Spektren von Festkörpern weitgehend zu eliminieren. Aufgrund dieser Fortschritte steht heute eine hochentwickelte Meßtechnik zur Verfügung, die es gestattet, die hochauflösende ^{29}Si-NMR-Spektroskopie fester Proben praktisch als Routinemethode analog der Flüssigkeits-NMR zur Untersuchung vielfältiger Probleme der Silicatchemie einzusetzen [6, 7]. Dabei können sowohl mikrokristalline als auch röntgenamorphe Proben untersucht werden, die der RKSA nicht zugänglich sind.

Zusammenhänge zwischen den Meßparametern der ^{29}Si-NMR-Spektren und der Struktur von Silicaten und Alumosilicaten

Die wichtigsten Meßparameter im ^{29}Si-NMR-Spektrum sind die „chemische Verschiebung" δ, die die Lage der Signale im Spektrum kennzeichnet und unmittelbar mit der strukturellen Umgebung des betrachteten Si-Atoms verbunden ist, sowie die Intensität der Signale I, die als proportional zur Konzentration der das Signal hervorrufenden Si-Atome in der untersuchten Probe angesehen werden kann. Neben der Intensität und der chemischen Verschiebung der Signale lassen sich aus der Signalform wichtige Informationen über die Gitterstruktur ableiten, da größere

Störungen in der Regularität des Gitteraufbaus und der Si-Al-Verteilung zu charakteristischen Verbreiterungen der Signale führen.

Für aluminiumfreie Silicate konnten sowohl in Silicatlösungen, als auch in festen Silicaten fünf charakteristische und gut getrennte Bereiche der chemischen Verschiebung festgestellt werden, die den fünf verschiedenen Möglichkeiten von SiO_4-Tetraedern mit unterschiedlicher Zahl an SiOSi-Verknüpfungen entsprechen. In Abb. 1 sind die δ-Bereiche der $Si(O)_{4-n}(OSi)_n$-Baugruppen (n = 0—4, Kurzbezeichnung Q^0—Q^4) in festen Silicaten wiedergegeben. Mit Hilfe von δ und I der in einem Silicatspektrum auftretenden Signale lassen sich somit Informationen über Art und quantitative Verteilung der Q^0—Q^4-Baugruppen in der untersuchten Probe gewinnen, und daraus Rückschlüsse auf den das Gitter aufbauenden Anionentyp ableiten [7].

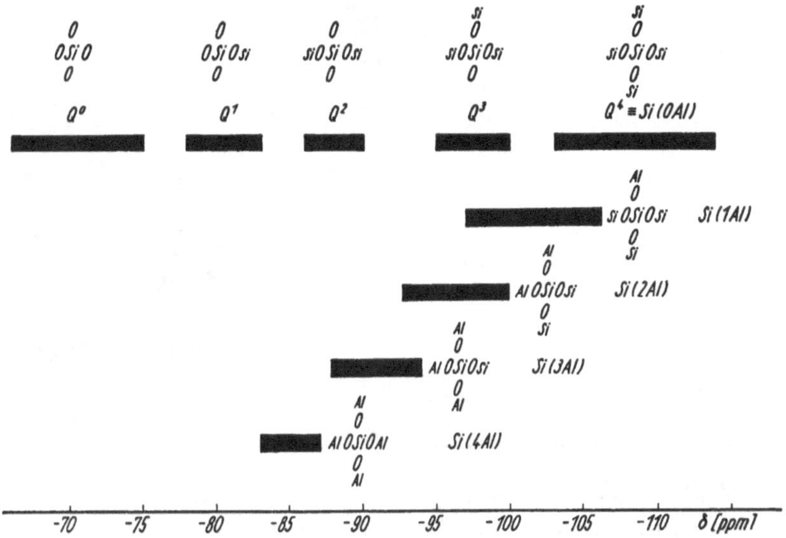

Abb. 1 Bereiche der ^{29}Si-chemischen Verschiebung für Q^0 — Q^4-Baugruppen in Silicaten und Si(nAl)-Baugruppen in Alumosilicaten

Alumosilicate mit Raumnetzstruktur (Tectosilicate) sind aus Q^4-Baugruppen aufgebaut, in denen bis zu 4 mit dem zentralen Si-Atom über Sauerstoff verknüpfte Si-Atome durch Al-Atome ausgetauscht sind. Umfangreiche Untersuchungen an natürlichen Alumosilicaten mit bekannter Kristallstruktur ergaben, daß der schrittweise Ersatz von Si durch Al zu einer systematischen Verschiebung der Signale des zentralen Si-Atoms nach tieferem Feld führt [7]. Wie in Abb. 1 dargestellt, können wiederum fünf charakteristische δ-Bereiche definiert werden, die den fünf möglichen SiO_4-Tetraedern mit 0 bis 4 benachbarten Al-Atomen $Si(OSi)_{4-n}(OAl)_n$ [Kurzbezeichnung Si(nAl) mit n = 0—4] entsprechen. In Abhängigkeit von Art und Verteilung der Kationen sowie der gegenseitigen Anordnung der SiO_4- und AlO_4-Tetraeder im Gitter werden innerhalb der angegebenen Bereiche weitere systematische Verschiebungseffekte beobachtet. Unter Berücksichtigung dieser Effekte kann trotz der teilweisen Überlappung der δ-Bereiche i. a. eine sichere Zuordnung der im Spektrum auftretenden Signale zu den das Alumosilicatgitter aufbauenden Si(nAl)-Baugruppen getroffen werden. In Tab. 1 sind die δ-Werte einiger natürlicher Alumosilicatminerale mit unterschiedlichem Si/Al-Verhältnis zusammengestellt. Erwartungsgemäß beobachtet man mit abnehmendem Al-Gehalt eine systematische Verschiebung der Signale nach höherem Feld.

Tabelle 1 ^{29}Si-chemische Verschiebungen δ von Alumosilicaten

Alumosilicat	Si/Al	Si(4Al)	Si(3Al)	Si(2Al)	Si(1Al)	Si(0Al)
Sodalith $Na_8Cl_2[(AlSiO_4)_6]$	1	−84,8				
Natrolith $Na_2[Al_2Si_3O_{10}]$	1,5		−87,7	−95,4		
Gmelinit $Na_2[Al_2Si_4O_{12}]$	2		−92,0	−97,2	−102,5	
Orthoclas $K[AlSi_3O_8]$	3			−95,0	− 98,2 −100,7	
Clinoptilolith $Na_3K_3[Al_6Si_{30}O_{72}]$	5				−100,6	−106,9
Tiefquarz SiO_2	∞					−107,4

Aus den ^{29}Si-NMR-Spektren von Alumosilicaten läßt sich somit die Art der in der Probe auftretenden Si(nAl)-Baugruppen und mit Hilfe der Signalintensitäten deren quantitative Häufigkeitsverteilung bestimmen. Unter der Voraussetzung, daß im Kristallgitter keine AlOAl- sondern nur SiOAl- und SiOSi-Verknüpfungen auftreten (Loewensteinsche Regel [8]) kann weiterhin aus den Verhältnissen der Signalintensitäten auf einfache Weise das stöchiometrische Si/Al-Verhältnis des Alumosilicatgitters der untersuchten Probe berechnet werden [9].

Aussagen über die Verteilung der Si- und Al-Atome auf die T-Positionen des Alumosilicatgitters lassen sich durch Vergleich der ^{29}Si-NMR-spektroskopisch bestimmten Häufigkeitsverteilung der Si(nAl)-Baugruppen mit denen ableiten, die sich aus geeigneten Modellstrukturen mit vorgegebener Verteilung einer dem Si/Al-Verhältnis entsprechenden Zahl an Si- und Al-Atomen ergeben. Voraussetzung derartiger Untersuchungen ist, daß aus RKSA-Untersuchungen oder anderen Quellen bereits Vorstellungen über die allgemeine Gitterstruktur des untersuchten Alumosilicats vorliegen.

Anwendungsbeispiele

In Abb. 2 sind die ^{29}Si-NMR-Spektren zweier strukturverwandter Alumosilicatminerale, Thomsonit und Natrolith, wiedergegeben [10]. In Thomsonit mit einem Si/Al-Verhältnis von 1 wird nur ein einzelnes Signal im Bereich der Si(4Al)-Gruppen beobachtet, was der in der Abb. 2 gezeigten regulär alternierenden Verteilung der Si- und Al-Atome im Kristallgitter entspricht, d. h. jedes Si-Atom ist von 4 Al- und jedes Al-Atom von 4 Si-Atomen umgeben. Dagegen liegt beim Natrolith mit einem Si/Al-Verhältnis von 1,5 bei gleichbleibender Gitterstruktur eine Si-Al-Verteilung vor, die zum Auftreten von Si(3Al)- und Si(2Al)-Baugruppen im Verhältnis von 2 : 1 führt. Das in Abb. 2 gezeigte ^{29}Si-NMR-Spektrum des Natrolith steht damit in ausgezeichneter Übereinstimmung.

Bei der Untersuchung einer Reihe von Feldspaten konnte neben den unterschiedlichen Positionen der Si-Atome im Kristallgitter der unterschiedliche Ordnungsgrad der Si-Al-Verteilung anhand von charakteristischen Änderungen in den Signalbreiten nachgewiesen werden [7]. So wurden im Spektrum vom Albit $Na[AlSi_3O_8]$ mit einer hochgeordneten Si-Al-Verteilung drei scharfe, gut getrennte Signale beobachtet, die den drei unterschiedlichen Gitterpositionen des Si-Atoms T2(o), T1(m) und T2(m) entsprechen, während die Spektren von Orthoclas, Adular und Sanidin $K[AlSi_3O_8]$ aufgrund der in dieser Reihe abnehmenden Ordnung der Si-Al-Verteilung deutlich verbreiterte Signale zeigen, die nur noch andeutungsweise Aufspaltungen für die kristallographisch unterschiedlichen T-Positionen erkennen lassen.

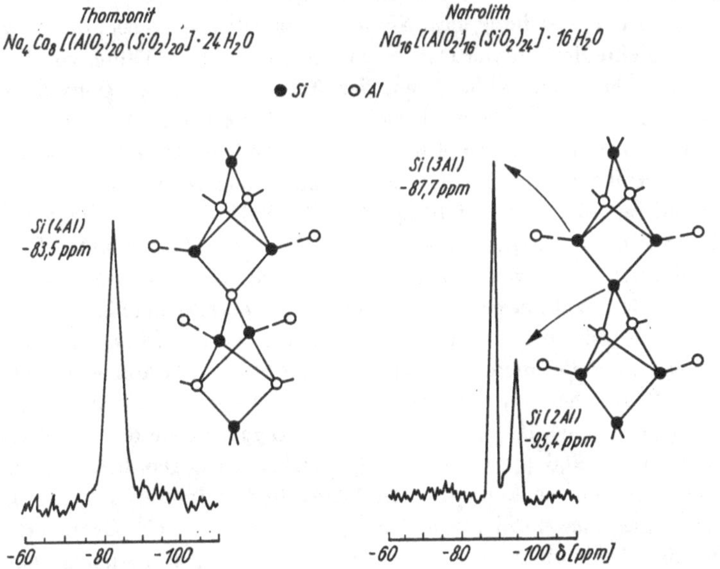

Abb. 2 ^{29}Si-NMR-Spektren und Si-Al-Verteilung von Thomsonit und Natrolith

Umfangreiche Untersuchungen zur Struktur des Alumosilicatgitters wurden mit Hilfe der ^{29}Si-NMR an natürlichen und synthetischen Zeolithen durchgeführt [10], die besonders als Katalysatoren, Molsiebe und Ionenaustauscher ständig steigende technische und wissenschaftliche Bedeutung besitzen. Dabei konnten insbesondere zur Frage der Verteilung der Si- und Al-Atome im Kristallgitter detaillierte Aussagen erhalten werden, die für das tiefere Verständnis der spezifischen Eigenschaften der Zeolithe sowie ihrer Bildungs- und Umwandlungsprozesse von größter Bedeutung sind. Grundlage derartiger Untersuchungen ist der o. g. Vergleich der Häufigkeitsverteilung der Si(nAl)-Baugruppen (s. Abb. 1) in Modellstrukturen mit vorgegebener Si-Al-Verteilung mit den Intensitätverhältnissen der Si(nAl)-Signale in den ^{29}Si-NMR-Spektren. Auf dieser Basis konnte die Si-Al-Verteilung im Kristallgitter einer Reihe von NaX- und NaY-Zeolithen (Faujasit-Struktur) mit Si/Al-Verhältnissen von 1,0 bis ca. 60 bestimmt werden [9, 11]. Diese Ergebnisse wurden in ausgezeichneter Weise durch gleichzeitig mit unseren Arbeiten durchgeführte Untersuchungen von Thomas und Mitarbeitern [12] bestätigt. Als Beispiel ist in Abb. 3 das ^{29}Si-NMR-Spektrum und die sich daraus ergebende Verteilung der Si- und Al-Atome in einer Doppelkubooktaeder-Teilstruktur für einen NaY-Zeolith vom Si/Al-Verhältnis 2,43 wiedergegeben. Das theoretische Verhältnis der Si(nAl)-Gruppen der angegebenen Verteilung beträgt Si(4Al) : Si(3Al) : Si(2Al) : Si(1Al) : Si(0Al) = 0 : 2 : 8 : 6 : 1 und steht damit in guter Übereinstimmung mit der Intensitätsverteilung der entsprechenden Signale im ^{29}Si-NMR-Spektrum. Analoge Untersuchungen an dealuminierten NaY-Zeolithen führten zu Aussagen über den Dealuminierungsgrad und -mechanismus in Abhängigkeit von der Art des Ausgangsproduktes und des eingesetzten Dealuminierungsprozesses [13]. So wurde durch thermochemische Behandlung des NH_4-ausgetauschten NaY-Zeoliths vom Si/Al-Verhältnis 2,43 eine dealuminierte Probe mit einem Si/Al-Verhältnis von 5,0 gewonnen, dessen Spektrum in Abb. 3 dem des Ausgangsproduktes gegenübergestellt ist. Aus der aus dem Spektrum abgeleiteten Si-Al-Verteilung können Aussagen über die Gitterpositionen abgeleitet werden, in denen beim Dealuminierungsprozeß Al durch Si ersetzt wurde [13]. Für die Untersuchung dealuminierter Proben ist von besonderer Bedeutung, daß aus den ^{29}Si-NMR-Spektren direkt das Si/Al-Verhältnis im Alumosilicatgitter bestimmt werden kann, da sich unter Einbeziehung des auf chemischem Wege bestimmten Gesamt-Si/Al-Verhältnisses der Anteil an nicht im Gitter lokalisierten Al („Extragitter-Al") berechnen läßt.

Für den NaA-Zeolith mit einem Si/Al-Verhältnis von 1 wurde bisher angenommen, daß eine vollständig alternierende Verteilung der Si- und Al-Atome im Gitter vorliegt [14]. Überraschenderweise wurde im ^{29}Si-NMR-Spektrum nicht das dieser Struktur entsprechende Si(4Al)-Signal bei ca. —85 ppm beobachtet, sondern ein scharfes Signal bei —89,6 ppm, das Si(3Al)-Baugruppen zugeordnet werden muß. Letzteres läßt sich nur bei Annahme von AlOAl- und SiOSi-Verknüpfungen, d. h. bei Verletzung der Loewensteinschen Regel [8] erklären [10, 15]. Detaillierte Strukturmodelle, die den Aufbau des NaA-Gitters aus Si(3Al)-Baugruppen mit Hilfe von Elektronen- und Neutronenbeugungsuntersuchungen bestätigen, wurden

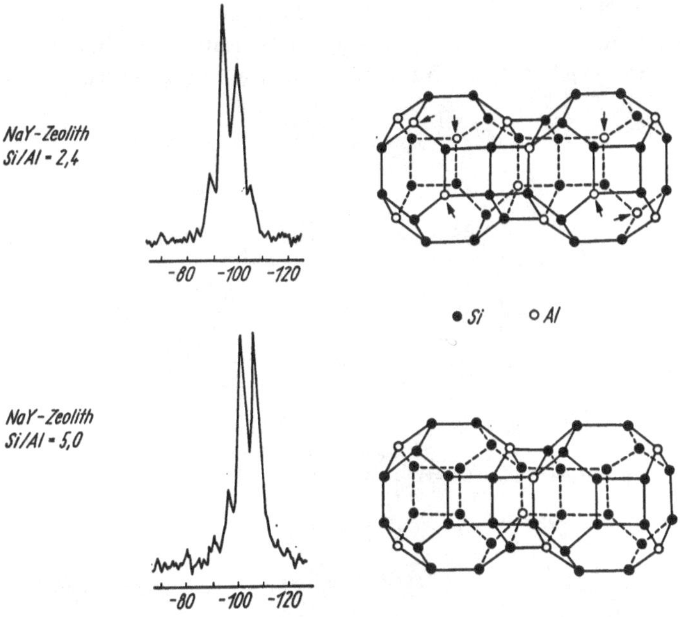

Abb. 3 ^{29}Si-NMR-Spektren und Si-Al-Verteilung für NaY-Zeolithe mit Si/Al = 2,4 und 5,0

kürzlich von Thomas und Mitarb. diskutiert [16]. Das Vorliegen von AlOAl-Brükken muß aufgrund von ^{29}Si-NMR-Untersuchungen auch im Falle des natürlichen Zeolithminerals Gmelinit [10], sowie in synthetischen Proben von Losod, Cancrinit und Sodalith [17] angenommen werden.

Abschließend sei kurz auf einige Untersuchungen an Alumosilicaten mit Schichtstruktur (Phyllosilicate) eingegangen. Abb. 4 zeigt die gemessenen ^{29}Si-NMR-Spektren einiger Dreischichtsilicate [7, 18], deren Kristallgitter aus periodisch angeordneten Silicat-Doppelschichten von zweidimensional verknüpften Q^3-Baugruppen gebildet wird, zwischen denen eine oktaedrisch koordinierte Kationenschicht eingelagert ist. Während im Al-freien Talk mit Mg^{2+}-Kationen in der Zwischenschicht nur 1 Signal bei dem für Q^3-Gruppen typischen Wert von $\delta = -98{,}1$ ppm (s. Abb. 1) beobachtet wird, treten im Pyrophyllit, in dem $^2/_3$ der oktaedrischen Koordinationszentren mit Al^{3+} besetzt sind, zwei Signale mit deutlich nach tieferem Feld verschobener Lage auf. Dies zeigt, daß analog zu den Ergebnissen an den Tectosilicaten auch sechsfach koordiniertes Al im Gitter zu einer entsprechenden Tieffeldverschiebung benachbarter Si-Atome führt, während das größere Mg^{2+}-Kation keinen wesentlichen Einfluß auf die Signallage hat. Der schrittweise Ersatz von Si durch tetrakoordiniertes Al innerhalb der Silicatschicht wie im Muscovit (Si/Al = 3 : 1) bzw. Margarit (Si/Al = 1 : 1) führt zur erwarteten systematischen

Verschiebung der ^{29}Si-NMR-Signale nach niederem Feld. Diese wenigen Beispiele lassen erkennen, daß mit Hilfe der ^{29}Si-NMR auch an Schichtsilicaten interessante Aussagen über die Si-Al-Verteilung im Alumosilicatgitter erhalten werden können.

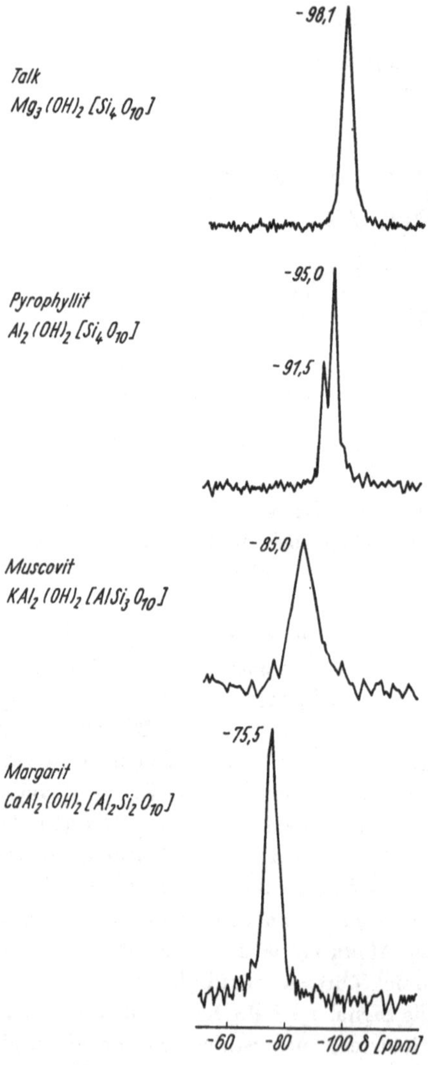

Abb. 4 ^{29}Si-NMR-Spektren einiger Dreischichtsilicate

Experimentelles

Die ^{29}Si-NMR-Spektren wurden mit einem NMR-Spektrometer des Typs CXP-200/300 der Fa. Bruker-Physik, ausgerüstet mit einem 47 kG Supraleitungsmagneten und einem Aspect-2000 Datensystem, bei ν_0(Si) = 39,75 MHz unter Anwendung der schnellen Probenrotation (ca. 3 kHz) um den magischen Winkel (MAS-Technik), starker Protonenentkopplung und der direkten FT-Technik aufgenommen. Die Proben wurden als feine Pulver in aus Delrin gefertigten Hohlraumturbinen vom Andrew-Typ bei Raumtemperatur untersucht, das Hohlraumvolumen betrug ca. 0,4 cm^3.

Literatur

[1] D. Hoebbel, G. Garzo, K. Ujszaszi, G. Engelhardt, B. Fahlke u. A. Vargha: Z. anorg. allg. Chem. **484**, 7 (1982).
[2] N. H. Ray, R. J. Plaisted u. S. Johnson: J. Chem. Soc. Dalton **1981**, 1260.
[3] G. Engelhardt, D. Zeigan, H. Jancke, D. Hoebbel u. W. Wieker: Z. anorg. allg. Chem. **418**, 17 (1975).
[4] D. Hoebbel, G. Garzo, G. Engelhardt u. A. Till: Z. anorg. allg. Chem. **450**, 5 (1979).
[5] M. Mehring: "High Resolution NMR Spectroscopy in Solids", NMR — Basic Principles and Progress, Bd. 11, Springerverlag 1976.
[6] E. Lippmaa, M. Alla, T. Pehk, G. Engelhardt: J. Amer. Chem. Soc. **100**, 1929 (1978).
[7] E. Lippmaa, M. Mägi, A. Samoson, G. Engelhardt u. A.-R. Grimmer: J. Amer. Chem. Soc. **102**, 4889 (1980).
[8] W. Loewenstein: Amer. Mineral. **39**, 92 (1954).
[9] G. Engelhardt, U. Lohse, E. Lippmaa, M. Tarmak u. M. Mägi: Z. anorg. allg. Chem., **482**, 49 (1981).
[10] E. Lippmaa, M. Mägi, A. Samoson, M. Tarmak u. G. Engelhardt: J. Amer. Chem. Soc. **103**, 4992 (1981).
[11] G. Engelhardt, E. Lippmaa u. M. Mägi: J. Chem. Soc. Chem. Comm., **1981**, 712.
[12] S. Ramdas, J. H. Thomas, J. Klinowski u. C. A. Fyfe: J. S. Hartman, Nature, **292**, 228 (1981).
[13] G. Engelhardt, U. Lohse, A. Samoson, M. Tarmak, M. Mägi u. E. Lippmaa: ZEOLITES (London), **2**, 59 (1982).
[14] V. Gramlich u. W. M. Meier: Z. Kristallogr. **133**, 134 (1971).
[15] G. Engelhardt, D. Zeigan, E. Lippmaa u. M. Mägi: Z. anorg. allg. Chem. **468**, 35 (1980).
[16] J. M. Thomas, L. A. Bursill, E. A. Lodge, A. K. Cheetham u. C. A. Fyfe: J. Chem. Soc. Chem. Comm. **1981**, 276.
[17] J. Klinowski, J. M. Thomas, C. A. Fyfe u. J. S. Hartman: J. Phys. Chem., **85**, 2590.
[18] M. Mägi, A. Samoson, M. Tarmak, G. Engelhardt u. E. Lippmaa: Doklady ANSSSR, **261**, 1169 (1981).

Horst Schmandke

Die Acetylierung von Vicia-faba-Proteinen

Bei der Acetylierung von Proteinen erhält man modifizierte Proteine, deren funktionelle Eigenschaften gegenüber den Ausgangsproteinen in Abhängigkeit vom Acetylierungsgrad in charakteristischer Weise verändert sind [1, 2]. Diese Mitteilung befaßt sich mit der Modifizierung der Geleigenschaften von Vicia-faba-Protein durch Acetylierung [3—7].

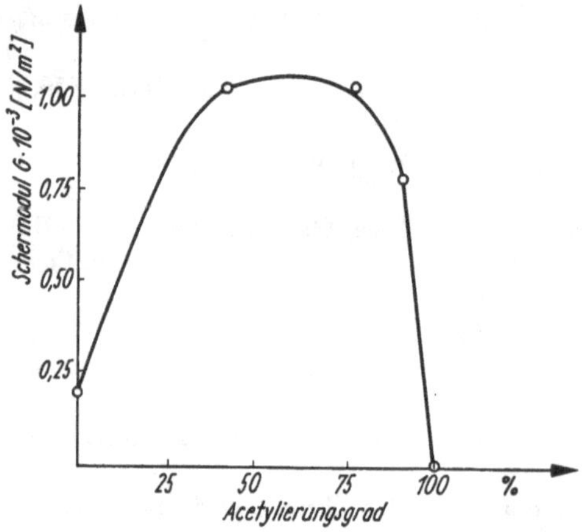

Abb. 1 Schermodul von Proteingelen in Abhängigkeit vom Acetylierungsgrad der Vicia-faba-Proteine (C = 15%; pH 7; $T_D \approx 95$ °C, $t_D \approx 60$ min)

Aus Abb. 1 geht hervor, daß vom nichtacetylierten Protein ausgehend der Schermodul der entsprechenden Gele zunächst mit ansteigendem Acetylierungsgrad zunimmt, um nach dem Erreichen eines Maximalwertes bei weiterer Acetylierung abzunehmen; im Falle des maximal erreichbaren Acetylierungsgrades von etwa 97% weist das Protein kein Gelbildungsvermögen mehr auf. Es sei erwähnt, daß die Proteingele in der Reihenfolge der Acetylierungsgrade von 0, 42, 78 und 92% jeweils plastische Anteile von 6, 6, 30 und 15% aufweisen.

Die erhaltenen Resultate über die Bestimmung der optimalen Gelbildungsbedingungen sind in den Abb. 2 und 3 dargestellt. So wurde für das nichtacety-

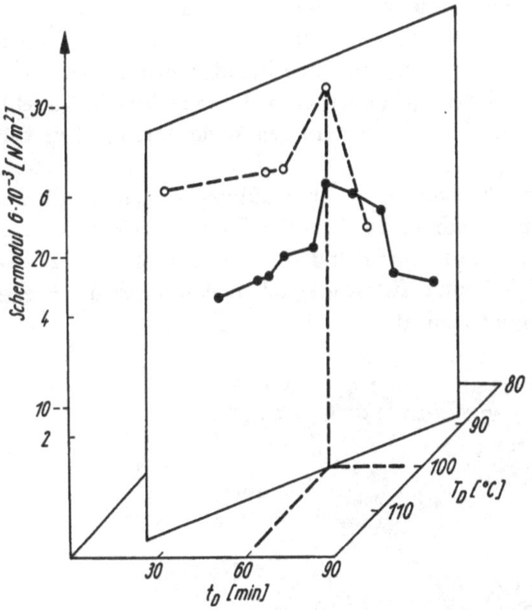

Abb. 2 Schermodul von Vicia-faba-Proteingelen (C = 17,6% ●–●; C = 24,9% ○–○; pH 7) in Abhängigkeit von Zeit (t_D) und Temperatur (T_D) einer Hitzebehandlung

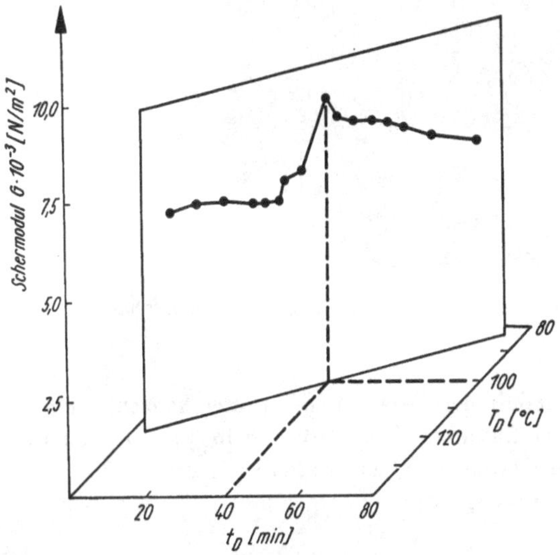

Abb. 3 Schermodul von acetylierten Vicia-faba-Proteingelen (Acetylierungsgrad: 78%; C = 17,6%; pH 7) in Abhängigkeit von Zeit (t_D) und Temperatur (T_D) einer Hitzebehandlung

lierte Vicia-faba-Protein eine optimale Gelierung, ausgewiesen als maximaler Schermodul, bei $T_D \approx 100\,°C$ und $t_D \approx 60$ min ermittelt. Für ein Vicia-faba-Protein mit einem Acetylierungsgrad von 78% betragen diese Bedingungen $T_D \approx 100\,°C$ und $t_D \approx 40$ min. Wie am Beispiel des nichtacetylierten Proteins hier dargestellt, besteht für das definierte optimale Gelbildungsvermögen keine Abhängigkeit von der Proteinkonzentration.

Die Resultate der elektronenmikroskopischen Untersuchungen stehen mit den bisher dargelegten Fakten in Übereinstimmung. Die Abb. 4 und 5 weisen den Unterschied zwischen Gelen des nichtacetylierten und desjenigen Proteins aus, das einen Acetylierungsgrad von 78% besitzt. Es ist erkennbar, daß durch die Acetylierung ein höherer Vernetzungsgrad vorliegt.

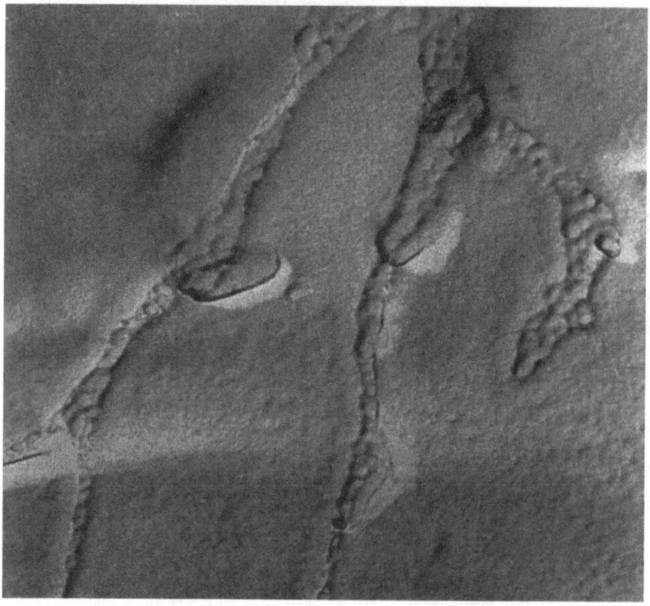

Abb. 4 Elektronenmikroskopische Aufnahme eines 15%igen Vicia-faba-Proteingels (pH 7); Vergr. 1:20 000)

Die Abhängigkeit des Schermoduls der Gele von der Proteinkonzentration (C) ist in Abb. 6 ausgewiesen. Dieser Zusammenhang läßt sich in guter Annäherung durch die folgenden Exponentialfunktionen [8] ausdrücken:

– Vicia-faba-Proteingel (Acetylierungsgrad: 0%)

$$G = a \cdot C^{4.3}$$

– Vicia-faba-Proteingel (Acetylierungsgrad: 78%)

$$G = a \cdot C^{5.0}$$

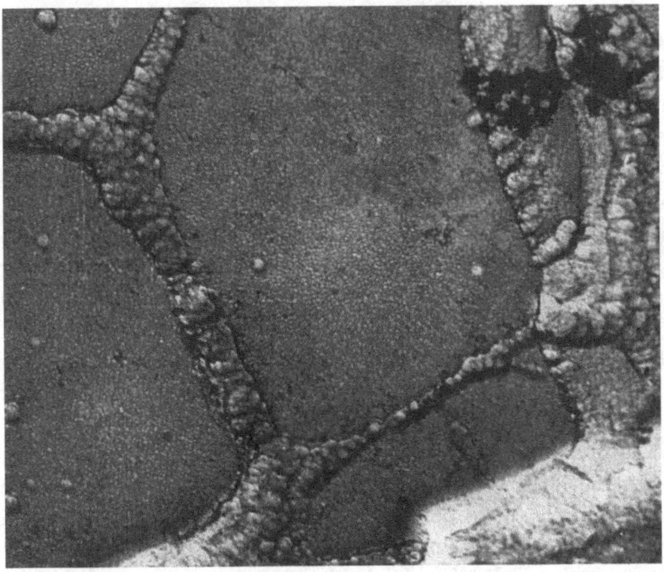

Abb. 5 Elektromikroskopische Aufnahme eines 15%igen acetylierten Vicia-faba-Proteingels (pH 7; Acetylierungsgrad: 78%; Vergr. 1:20 000)

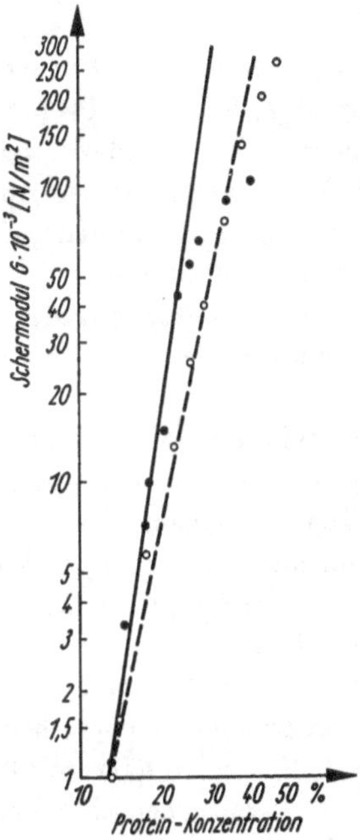

Abb. 6 Schermodul von Vicia-faba-Proteingelen in Abhängigkeit von der Proteinkonzentration (○—○ Acetylierungsgrad = 0%; ●—● Acetylierungsgrad: 78%; pH7)

Man kann davon ausgehen, daß die Erhöhung des Schermoduls der Gele mit ansteigender Proteinkonzentration auf eine Zunahme der Kettendicke und/oder der Dichte des Gelnetzes zurückgeführt werden kann [9, 10], Neben den schon beschriebenen Fakten wird eine solche Interpretation der Ergebnisse zusätzlich durch die in Tab. 1 ausgewiesene zunehmende Maskierung der Disulfidgruppen in den Gelen mit sich erhöhender Proteinkonzentration gestützt.

Tab. 2 weist aus, daß vom pH 6 ausgehend der Schermodul der Vicia-faba-Proteingele mit ansteigendem pH abnimmt; eine Veränderung des prozentualen Anteils an plastischer Komponente im Gel wurde im Vergleich zu dem bei pH 6 lediglich bei pH 8 festgestellt, und zwar eine Verschiebung von etwa 20 auf 5%. Im Falle der acetylierten Vicia-faba-Proteingele wurde das gleiche Resultat ermittelt; allerdings veränderte sich das Verhältnis von plastischer zu elastischer Komponente im Gel unter den hier für das nichtacetylierte Protein angegebenen Bedingungen nicht.

Der Einfluß von Natrium-, Calcium- und Aluminiumchlorid auf die Eigenschaften von Vicia-faba-Proteingelen wird in Tab. 3 mitgeteilt; mit sich erhöhender Salzkonzentration nimmt der Schermodul der Gele zu. Für die acetylierten Vicia-faba-Proteingele wurde im Bereich der in Tab. 3 angegebenen Salzkonzentration ein vergleichbares Resultat ermittelt [4]. Während aber dort bei einer weiteren Erhöhung der Salzkonzentration nur eine Abnahme der Werte des Schermoduls für die Gele beobachtet wurde, erfolgt bei den nichtacetylierten Proteinen keine Gelbildung mehr.

Hinsichtlich der Veränderungen des Anteils an plastischer Komponente in den Gelen verhalten sich Natrium- und Calciumchlorid gleichartig; Vicia-faba-Proteingele erfahren mit zunehmender Salzkonzentration zunächst eine Abnahme, um dann nach einem nachfolgenden Anstieg erneut eine Senkung des plastischen Anteils zu durchlaufen. Dagegen tritt bei den acetylierten Proteingelen unter den gleichen Bedingungen keine Verschiebung des Anteils an plastischer und elastischer Komponente in den Gelen auf [4]. Am Beispiel des Effektes von Natriumchlorid wird in Tab. 4 gezeigt, daß die Erhöhung des Schermoduls mit einer Zunahme der Maskierung von Disulfidbindungen einhergeht.

Sowohl bei den nichtacetylierten als auch bei den acetylierten [4] Vicia-faba-Proteinen führt ein Zusatz von Aluminiumchlorid zu Gelen mit einem verringerten Anteil an plastischer Komponente. Dieses ebenfalls in Tab. 3 dargelegte Ergebnis dürfte auf eine Erhöhung der Gelelastizität durch zunehmende Vernetzung mittels Bildung trivalenter Aluminium-Koordinationskomplexe mit Carboxyl- und Sulfhydrylgruppen des Proteins zurückgeführt werden können [11].

Während ansteigende Zusätze an Glucose und Saccharose zu acetylierten Vicia-faba-Proteinen lediglich zu schwachen Erhöhungen des Schermoduls entsprechender Gele führen [4], ist dieser Effekt im Falle der nichtacetylierten Proteine gemäß Tab. 5 deutlich, wobei die Zunahme des Schermoduls der Gele mit einer Abnahme des Anteils an plastischer Komponente verbunden ist. Dieser Elastizitätsanstieg dürfte auf eine Vernetzung durch Bildung von Maillard-Produkten, die aus den

Tabelle 1 Einfluß des Acetylierungsgrades [% blockiertes Lysin] und der Proteinkonzentration auf den Gehalt an reaktiven und maskierten Sulfhydryl- und Disulfidgruppen [µmol/g Protein] und auf den Schermodul G [N/m²] von Vicia-faba-Proteingelen (pH 7)

Untersuchte Probe		SH-Gruppen			SS-Gruppen			N-Gehalt	$G \cdot 10^{-3}$
		reaktive	maskierte	gesamte	reaktive	maskierte	gesamte	[%]	
Vicia-faba-Protein Acetylierungsgrad: 0% $T_D = 100\ °C$, $t_D = 60$ min		1,1	0,4	1,5	3,5	21,4	24,9	14,8	—
Proteinkonzentration der Gele [%]	21,4	0,3	0,4	0,7	5,9	16,1	22,0	14,9	13,3
	37,7	0	0,4	0,4	1,3	20,3	21,6	14,7	134,7
	44,3	0	0,4	0,4	1,1	18,8	19,9	14,7	200,8
	51,1	0	0	0	2,0	17,8	19,8	14,3	255,9
Vicia-faba-Protein Acetylierungsgrad: 78% $T_D = 100\ °C$, $t_D = 40$ min		0,9	0,2	1,1	7,4	15,6	23,0	14,4	—
Proteinkonzentration der Gele [%]	14,5	0,3	0,2	0,5	8,1	13,3	21,4	14,4	3,3
	24,6	0,5	0,2	0,7	4,2	17,1	21,3	14,4	54,4
	33,1	0,4	0,4	0,8	5,0	17,8	22,8	13,6	89,4

Tabelle 2 Schermodul G [N/m²] und der entsprechende plastische Anteil [%] von Vicia-faba-Proteingelen (C = 13%) in Abhängigkeit vom pH

pH	$G \cdot 10^{-3}$	Plastische Komponente
6,0	2,3	17
6,5	2,0	18
7,0	1,7	22
7,5	1,1	22
8,0	1,0	5

Tabelle 3 Einfluß von Natrium-, Calcium- oder Aluminiumchlorid auf den Schermodul G [N/m²] und den entsprechenden plastischen Anteil [%] von Vicia-faba-Proteingelen (C = 13%; pH 7)

Zusatz [mM/100 g Gel]	$G \cdot 10^{-3}$	Plastische Komponente
NaCl		
0	1,7	22
40	3,1	9
60	3,1	22
100	3,1	28
200	3,2	8
300	3,3	4
400	3,8	3
$CaCl_2$		
40	2,5	2
60	2,5	10
100	2,1	32
$AlCl_3$		
60	2,0	6
100	2,3	4

freien Aminogruppen des Proteins durch Reaktion mit den Carbonylgruppen der Zucker entstehen, zurückzuführen sein.

Der Einfluß von Kartoffelstärke oder Sonnenblumenöl auf die Vicia-faba-Proteingele ist mit dem auf die acetylierten Derivate vergleichbar [4]. Kartoffelstärke führt zu einem Anstieg, Sonnenblumenöl zu einer Senkung des Schermoduls der Gele. In jedem Falle nimmt die Plastizität der Gele zu.

Durch die Acetylierung wird in erster Linie die ε-Aminogruppe des Lysins im Protein blockiert. Dadurch wird die potentiell positive Ladung erniedrigt; daraus ergibt sich eine Zunahme der negativen Nettoladung des Proteins, die zu einer

Tabelle 4 Einfluß von Natriumchlorid auf den Gehalt an reaktiven und maskierten Sulfhydryl- und Disulfidgruppen [µmol/g Protein] und auf den Schermodul G [N/m^2] von acetylierten Vicia-faba-Proteingelen (Acetylierungsgrad: 78%; C = 14%; pH 7)

Untersuchte Probe	SH-Gruppen			SS-Gruppen			N-Gehalt	$G \cdot 10^{-3}$
	reaktive	maskierte	gesamte	reaktive	maskierte	gesamte	[%]	
Acetyliertes Vicia-faba-Protein	0,5	0,2	0,7	4,6	16,7	21,3	15,5	—
Gel ohne NaCl-Zusatz	0,5	0	0,5	7,0	13,9	20,9	—	0,99
Gel + 20 mM NaCl/100 g	0	0,7	0,7	7,7	14,5	22,2	—	0,93
Gel ohne NaCl-Zusatz	0	0,4	0,4	8,1	11,1	19,5	13,7	0,94
Gel + 270 mM NaCl/100 g	0	0,4	0,4	3,5	16,4	19,9	11,1	1,71

Tabelle 5 Schermodul G [N/m²] und der entsprechende plastische Anteil [%] von Vicia-faba-Proteingelen (pH 7) in Abhängigkeit von der Konzentration an Glucose, Saccharose, Stärke (Proteinkonz. = 10%) oder Sonnenblumenöl (Proteinkonz. = 13%)

Zusatz [%]	$G \cdot 10^{-3}$	Plastische Komponente
Glucose		
0	0,5	23
8	0,3	48
12	0,7	24
16	0,9	36
Saccharose		
8	0,2	63
12	0,5	27
16	0,8	22
Stärke		
1	0,7	26
3	0,8	39
4	0,9	41
6	1,0	43
Sonnenblumenöl		
0	1,7	22
4	1,2	28
10	0,8	50

Auffaltung der Proteinstruktur führt und mit Dissoziationsprozessen im Protein verbunden ist [12—17]. Eine solche Wirkung der Acetylierung hätte sicherlich eine Verringerung des Anteils und der Größe der Aggregate zur Folge. Allerdings dürfte außerdem zu erwarten sein, daß mit zunehmendem Acetylierungsgrad die Hydrophobizität und der Gehalt an reaktiven Sulfhydryl- und Disulfidgruppen im Protein ansteigen und damit ein durch hydrophobe und Sulfhydryl-Disulfid-Wechselwirkungen hervorgerufener Anstieg des Anteils, aber möglicherweise auch der Größe an Aggregationsprodukten, in Betracht gezogen werden kann [18].

Obwohl in Boratpuffer (pH 8,4) ein unterschiedliches Reibungsverhältnis der dissoziierten Acetylderivate im Vergleich zu den Eichproteinen vorliegt, sind wegen der besseren Einschätzbarkeit der Verhältnisse in Abb. 7 a auch für die acetylierten Proteinderivate Molmassen angegeben. Da mit zunehmendem Acetylierungsgrad dadurch jeweils zu große Molmassen vorgetäuscht werden, können Dissoziationsprozesse, die erwartungsgemäß in den Proteinen ablaufen sollten, unter diesen Bedingungen nicht erfaßt werden. Dieser dargestellte Zusammenhang dürfte auch die Begründung dafür sein, daß gelelektrophoretisch in Boratpuffer (pH 8,4) die zunehmende negative Nettoladung mit ansteigendem Acetylierungsgrad, und zwar durch Erhöhung der Wanderungsgeschwindigkeit der Fraktionen, nicht nachweisbar ist, sie dürfte durch eine Zunahme des Stokesschen Radius mit ansteigendem Acetylierungsgrad kompensiert werden.

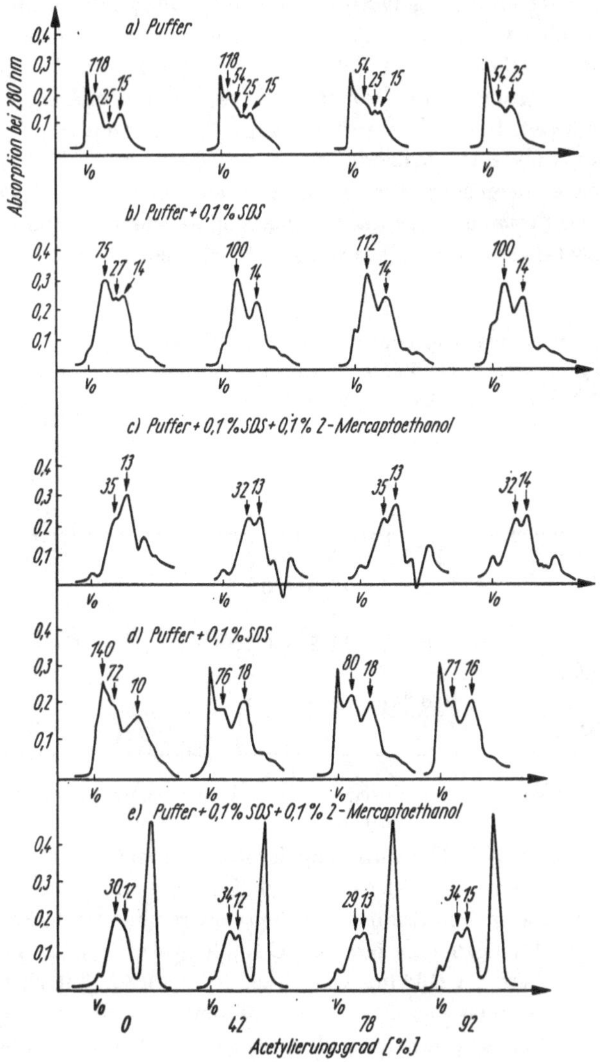

Abb. 7 Gelchromatographische Fraktionierung von Vicia-faba-Proteinen unterschiedlichen Acetylierungsgrades einschließlich der entsprechenden durch Hitzebehandlung erhaltenen Gele (a, b, c: Vicia-faba-Proteine; d, e: Gele der Vicia-faba-Proteine; V_0 entspricht der Fraktion am Ausschlußvolumen der Säule; die Ziffern der verschiedenen Peaks geben das ungefähre Molekulargewicht ($M \cdot 10^{-3}$) der Fraktionen an)

Aus Abb. 7 b geht hervor, daß neben Dissoziations- auch Aggregationsprozesse vorliegen. Allerdings ist dieser Vorgang nur beim Übergang vom Ausgangsprotein zu den acetylierten Proteinen insgesamt nachweisbar; eine Abhängigkeit zum Acetylierungsgrad konnte nicht beobachtet werden. Wie aus Abb. 7 c ersichtlich, kann die Bildung der nachgewiesenen Aggregationsprodukte auf Sulfhydryl-Disulfid-Wechselwirkungen zurückgeführt werden. Gelelektrophoretische Untersuchungen haben den gleichen Befund ergeben. Wie in Tab. 1 gezeigt, spricht auch die Zunahme von reaktiven Disulfidgruppen im Protein, und zwar mit ansteigendem Acetylierungsgrad, für die bereits begründete Auffaltung der Proteinstruktur. Allerdings müßte dieser Prozeß mit einer Zunahme der Bereitschaft zu Sulfhydryl-Disulfid-Wechselwirkungen einhergehen; diese sollte aber ab einem bestimmten hohen Acetylierungsgrad der Proteine wegen der Verringerung der elektrostatischen Wechselwirkungen und möglicherweise auch aus sterischen Gründen wieder abnehmen.

Tabelle 6 Sedimentationskoeffizienten (Ultracentrifuge UCF 3170/b, Ungarn) von Vicia-faba-Proteinen in Abhängigkeit vom Acetylierungsgrad; die Bestimmung erfolgte in Phosphatpuffer (pH 7,6; 0,4 M NaCl; 0,01 M Mercaptoäthanol; $\mu = 0,5$)

Acetylierungs-grad [%]	Hitze-behandlung [°C, min]		1,0% S Puffer	
0	ohne		14,9 S + 10,3 S + 6,1 S	
0	65,30		15,2 S + 10,4 S + 6,3 S	
0	85,20	18,7 S		
16	ohne		13,8 S + 9,6 S + 6,2 S	
16	85,20	37,0 S		
78	ohne		10,8 S + 6,6 S	
78	85,20	23,0 S		+ 2,0 S

Die soeben dargelegten Fakten werden durch die in Tab. 6 ausgewiesenen Sedimentationskoeffizienten und in Abb. 8 ersichtlichen Resultate der mikrokalorimetrischen Messungen der thermischen Denaturierung der Proteine gestützt.

Die Bestimmung der Sedimentationskoeffizienten (Tab. 6), die gelchromatographischen (Abb. 7 b und d) und auch gelelektrophoretischen Untersuchungen weisen aus, daß die durch thermische Denaturierung bewirkte Gelbildung der Proteine auf einer Aggregation beruht, die auf die Bildung von Disulfid-Polymeren mit allen Folgeprozessen zurückgeführt werden kann, wobei die Bildung von Disulfidbindungen bei den acetylierten Proteinen gegenüber dem Ausgangsprotein am stärksten ausgeprägt ist [19, 20].

Die Verschiebung der Endotherme im Thermogramm der Abb. 8 zu geringeren Temperaturen hin, und zwar bei zunehmendem Acetylierungsgrad der Vicia-faba-Proteine, steht mit den in den Abb. 2 und 3 beschriebenen Thermolabilitäten der acetylierten und nichtacetylierten Proteine ebenfalls in Übereinstimmung.

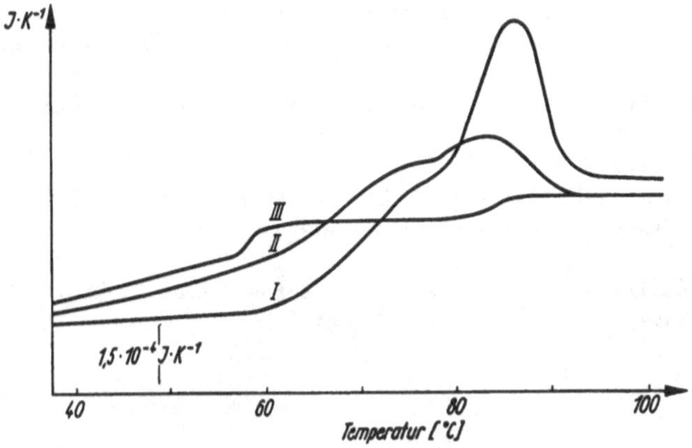

Abb. 8 Der Einfluß des Acetylierungsgrades auf die thermische Denaturierung (Mikrokalorimeter DACM — 1 M; UdSSR, Erhitzungsrate: 2 °C/min) von Vicia-faba-Proteinen (C = 0,5%) in Phosphatpuffer (μ = 0,1; pH 7,6)

I = Vicia-faba-Protein

II = acetyliertes Vicia-faba-Protein (Acetylierungsgrad: 16%)

III = acetyliertes Vicia-faba-Protein (Acetylierungsgrad: 78%)

Literatur

[1] C. H. W. Hirs, u. S. N. Tinnashoff: Methods in Enzymol. **25**, B, Acad. Press, New York, London (1972).

[2] J. E. Kinsella: Critical Reviews in Food Science **7**, 219 (1976).

[3] H. Schmandke, R. Maune, G. Schmidt, M. Schultz u. J. Proll: Nahrung **21**, 901 (1977).

[4] H. Schmandke, R. Maune, S. Schuhmann u. M. Schultz: Nahrung **25**, 99 (1981).

[5] H. Schmandke, T. M. Bikbov, E. M. Belavtseva, L. G. Radschenko, R. Maune, M. Schultz, V. Ja. Grinberg u. V. B. Tolstoguzov: Nahrung **25**, 283 (1981).

[6] H. Schmandke, A. N. Danilenko, T. M. Bikbov, R. Maune V. Ja. Grinberg u. V. B. Tolstoguzov: Nahrung **25**, K 27 (1981).

[7] H. Schmandke, u. R. Maune: Nahrung **26**, 421 (1982).

[8] N. Hirai: Bull. Inst. Chem. Res., Kyoto Univ. **33**, 21 (1955).

[9] M. G. Bezrukov, V. M. Belikov, E. M. Belavtseva u. E. F. Titova: Colloid Polymer Sci. **256**, 1191 (1978).

[10] K. D. Schwenke, L. Prahl, E. F. Titova u. E. M. Belavtseva: Nahrung **23**, 749 (1979).

[11] J. W. Harlan, u. S. H. Feairheller: Chemistry of the crosslinking of collagen during tanning; Advances in Experimental Medicine and Biology 86 A in F. Friedman, Protein Crosslinking, p. 425. Plenum Press, New York 1977.

[12] A. F. Habeeb, M. G. Cassidy u. H. Singer: Biochim. biophysica Acta [Amsterdam] **29**, 587 (1958).

[13] A. F. Habeeb: Arch. Biochem. Biophysics **121**, 652 (1967).

[14] J. H. Klotz, D. W. Darnall u. N. R. Langermann: In H. Neurath and R. L. Hill, The Proteins (Third Edition), Vol. I, p. 302, Academic Press, New York, San Francisco, London 1975.
[15] K. D. Schwenke, L. Prahl u. E. Rauschal: Mitteilungsblatt der Chem. Ges. der DDR **24**, 33 (1977).
[16] K. D. Schwenke, Nahrung **22**, 101 (1978).
[17] U. Freimuth, F. Tebling, F. Böhme u. E. Ludwig: Nahrung **23**, 215 (1979).
[18] M. T. A. Evans, L. Irons u. J. H. P. Petty: Biochem. biophysica Acta [Amsterdam] **243**, 259 (1971).
[19] B. G. Barman, J. R. Hansen u. A. R. Mossey: J. Agric. Food Chem. **25**, 638 (1977).
[20] W. J. Wolf, u. T. Tamura: Cereal Chem. **46**, 331 (1969).